AF586410

COURS

DE

MATHÉMATIQUES

APPLIQUÉES

AU MESURAGE DES SURFACES ET DES SOLIDES,

PRÉCÉDÉ DES QUATRE PREMIÈRES RÈGLES DE L'ARITHMÉTIQUE;

PAR

M. E. THIEULIN,

INGÉNIEUR CIVIL,

PROFESSEUR D'UN COURS PUBLIC ET GRATUIT DE MATHÉMATIQUES APPLIQUÉES AUX ARTS,
A BESANÇON.

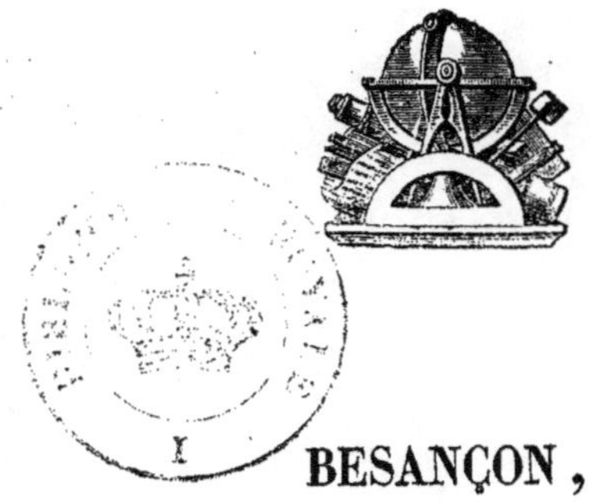

BESANÇON,

IMPRIMERIE ET LITHOGRAPHIE DE SAINTE-AGATHE AINÉ.

—

1844 1845.

PRÉFACE.

Sept années d'expériences et d'observations continuelles, faites au milieu d'une foule de jeunes gens de tous âges, de toutes intelligences et de toute industrie, m'ont démontré que la majeure partie de ceux qui embrassent les arts ignorent les principes nécessaires pour mesurer les surfaces et les solides, science indispensable à l'homme industriel.

Ce n'est pas qu'il manque d'excellents traités dans lesquels on puisse étudier les principes de cette science; mais la cherté de ces livres et leur rédaction trop scientifique sont généralement de grands empêchements à leur propagation dans les mains de jeunes gens qui n'ont que quelques heures à donner à l'étude.

C'est pour remédier à ces inconvénients que je vais essayer d'expliquer clairement et avec simplicité, au jeune homme livré à lui-même, les principes de cette science qu'il ne lui est plus permis d'ignorer aujourd'hui.

Comme la plupart de ceux à qui ce Traité est destiné ne savent qu'imparfaitement les premiers éléments de l'arithmétique, je commencerai par en rappeler les quatre premières règles d'une manière simple, claire et suivie, afin d'établir une base fondamentale au mesurage des surfaces et des solides.

Cet ouvrage sera publié par livraisons, pour en faciliter l'acquisition et la propagation dans les ateliers répandus en foule aujourd'hui sur le sol de la France industrielle.

OBSERVATIONS.

Quoique ce Traité paraisse spécialement destiné à la jeunesse industrielle, il n'en est pas moins utile aux propriétaires et aux cultivateurs, qui ont journellement des travaux à faire exécuter.

En effet, les propriétaires et les cultivateurs pourront, comme les ouvriers, d'après les instructions renfermées dans ce Traité, se rendre compte du prix de revient des différents travaux, avant le commencement de leur exécution.

COURS DE MATHÉMATIQUES

APPLIQUÉES

AU MESURAGE DES SURFACES ET DES SOLIDES.

INTRODUCTION.

On appelle grandeur ou quantité tout ce qui est susceptible d'augmentation ou de diminution : comme les lignes, les surfaces et les corps solides, etc. On appelle aussi grandeur ou quantité toute collection ou réunion d'objets de même nature : par exemple, une réunion d'hommes, d'arbres, de maisons, etc. Mais pour nous rendre compte de la grandeur de chaque espèce de grandeur, nous sommes obligés d'en comparer chaque espèce à une autre grandeur de même espèce que nous appelons unité.

En effet, quand nous voulons nous rendre compte de la longueur d'un mur, nous prenons une longueur d'une grandeur quelconque ou arbitraire, mais connue, que nous appelons *unité*, et que nous portons sur la longueur du mur autant de fois qu'elle peut y être contenue, et c'est la quantité de fois que la longueur arbitraire ou l'*unité* est contenue dans la longueur du mur, qui nous donne l'idée de la longueur du mur. En effet, quand on nous dit qu'un mur a dix mètres de long, nous nous représentons par la pensée la longueur du mur, en concevant que la longueur de ce mur est dix fois plus longue que la longueur du mètre. Donc l'unité, en mathématiques, est une grandeur d'une espèce quelconque, prise arbitrairement ou dans la nature, pour servir de terme de comparaison à toutes les grandeurs de la même espèce; d'où il suit qu'il y a autant d'espèces d'unités que d'espèces de grandeurs.

En effet, l'unité est arbitraire quand l'espèce de grandeur à laquelle elle appartient peut varier d'une manière continue, c'est-à-dire augmenter ou diminuer d'aussi peu que l'on veut : comme par exemple la longueur d'un mur. En effet, pour nous rendre compte de la longueur d'un mur, nous pouvons prendre pour unité une longueur d'une grandeur quelconque, et la porter sur la longueur du mur autant de fois qu'elle peut y être contenue. Au contraire, l'unité est donnée par la nature même de la grandeur, toutes les fois que cette grandeur augmente ou diminue d'une manière irrégulière ou discontinue : tels sont les différents genres de collection. Par exemple, dans un groupe d'arbres considéré comme quantité, nous sommes forcés de prendre l'arbre pour unité, pour nous rendre compte de la quantité d'arbres réunis dans un groupe d'arbres. En effet, quand nous voulons nous rendre compte de la quantité d'arbres réunis dans un groupe, nous prenons l'arbre pour unité, puisque nous disons : il y a dix arbres dans un groupe d'arbres, ou dix fois un arbre.

On appelle *nombre*, la quantité de fois ou le nombre de fois que l'unité est contenue dans la quantité. Donc un nombre indique combien de fois l'unité est contenue dans la quantité.

On appelle nombre *entier*, un nombre composé de plusieurs unités de mêmes espèces : comme *dix* mètres, *vingt* kilogrammes ; *douze*, *quatorze*, *quinze* unités d'une espèce quelconque, sont des nombres entiers, car ils contiennent un nombre de fois juste leurs unités. En effet, dans le nombre dix mètres, il y a dix fois le mètre qui est l'unité : donc le nombre dix mètres est un nombre entier. Il en est de même du nombre vingt kilogrammes, qui renferme vingt fois le kilogramme qui est l'unité.

On appelle *fraction*, une ou plusieurs parties de l'unité, comme la dixième partie du mètre appelée décimètre, ou la millième partie appelée millimètre, etc. Donc un décimètre est une fraction, et un millimètre est également une fraction.

On appelle généralement nombre *fractionnaire*, soit une fraction ou une partie de l'unité, comme le nombre *cinq centimètres*, qui est composé de cinq fois la centième partie du mètre, soit l'assemblage de plusieurs unités de même espèce avec une ou plusieurs fractions ou parties d'unité, comme *deux mètres* plus *quatre décimètres*. Donc le nombre deux mètres quatre décimètres est un nombre fractionnaire.

On appelle nombre *concret*, un nombre tel qu'après avoir énoncé le nombre, on ajoute après ce nombre le nom qui désigne l'espèce de grandeur dont il s'agit. Par exemple, *cinq mètres* est un nombre *concret*, parce qu'après avoir énoncé le nombre cinq, on ajoute le mot mètre, qui désigne l'espèce de grandeur dont il s'agit. Il en est de même des nombres *dix hommes*, *vingt jours*, etc., après lesquels nombres dix et vingt on ajoute les mots hommes et jours.

On appelle nombre *abstrait*, un nombre tel qu'après avoir énoncé le nombre, on fait abstraction du nom de l'espèce d'unité ; par exemple, le nombre *cinq* est un nombre abstrait, parce qu'après avoir énoncé le nombre cinq, on fait abstraction du nom de l'espèce d'unité. Il en est de même de tous les nombres six, sept, huit, neuf, dix, vingt, cent, etc., après lesquels on n'ajoute rien. C'est sous ce dernier point de vue d'envisager les nombres que nous allons établir notre système de numération, afin que ses principes soient applicables à toutes les questions possibles.

NUMÉRATION DÉCIMALE.

La numération décimale est l'art d'énoncer et de représenter la valeur de tous les nombres, à l'aide de dix caractères ou chiffres, qui sont :

Un,	Deux,	Trois,	Quatre,	Cinq,	Six,	Sept,	Huit,	Neuf,	Zéro.
1	2	3	4	5	6	7	8	9	0

Premièrement, établissons ce principe, de pure convention, que nous représenterons les neuf premiers nombres avec les neuf chiffres 1, 2, 3, 4, 5, 6, 7, 8, 9.

Par exemple : pour représenter le nombre *un*, nous écrirons le chiffre 1 ; pour représenter le nombre *deux*, nous écrirons le chiffre 2 ; pour représenter le nombre *six* nous écrirons le chiffre 6, et pour représenter le nombre *neuf*, nous écrirons le chiffre 9.

Maintenant que nous savons représenter les neuf premiers nombres ; établissons ce deuxième principe, de pure convention, que tout chiffre, placé à la gauche d'un autre chiffre, représentera des unités dix fois plus fortes que cet autre chiffre à droite ; c'est-à-dire que lorsque plusieurs chiffres sont écrits à la suite les uns des autres, comme dans l'exemple ci-contre, le premier chiffre 1 à droite dans le rang des unités simples repré-

Rang des unités de dixaines de mille.	Rang des unités de mille.	Rang des unités de centaines.	Rang des unités de dixaines.	Rang des unités simples.
1	1	1	1	1

sente une unité simple que nous appelons unité du premier ordre ; ensuite le chiffre 1 immédiatement à gauche de l'unité simple et placé au rang des unités de dixaines, représente une unité de dixaines que nous appelons unité du deuxième ordre, unité dix fois plus forte que l'unité simple, c'est-à-dire qu'il faut dix unités simples pour former une unité de dixaines.

Ensuite le chiffre 1 immédiatement à gauche de l'unité de dixaines et placé au rang des unités de centaines, représente une unité de centaines, que nous appelons unité du troisième ordre, unité dix fois plus forte que l'unité de dixaines, c'est-à-dire qu'il faut dix unités de dixaines pour former une unité de centaines.

Ensuite le chiffre 1 immédiatement à gauche de l'unité de centaines et placé au rang des unités de mille, représente une unité de mille que nous appelons unité du quatrième ordre, unité dix fois plus forte que l'unité de centaines, c'est-à-dire qu'il faut dix unités de centaines pour former une unité de mille.

Ensuite le chiffre 1 immédiatement à gauche de l'unité de mille et placé au rang des unités de dixaines de mille, représente une unité de dixaines de mille, que nous appelons unité du cinquième ordre, unité dix fois plus forte que l'unité de mille, c'est-à-dire qu'il faut dix unités de mille pour former une unité de dixaines de mille. Enfin en avançant toujours de droite vers la gauche, la valeur des chiffres augmente toujours de dix en dix.

Maintenant que nous savons composer les différents ordres d'unités, examinons comment nous représenterons les différentes unités de chaque ordre.

Premièrement nous sommes convenus que nous représenterions les neuf premiers nombres avec les neuf chiffres 1, 2, 3, 4, 5, 6, 7, 8, 9 ; donc en plaçant successivement les neuf chiffres au rang des unités simples, nous dirons une unité simple, le chiffre 1 étant placé au rang des unités simples, comme dans l'exemple ci-contre. . . . .

Rang des unités simples.
1

Le chiffre 2 étant placé au rang des unités simples, comme dans l'exemple ci-contre, nous dirons deux unités simples. 2

Le chiffre 3 étant placé au rang des unités simples, comme dans l'exemple ci-contre, nous dirons trois unités simples. 3

Le chiffre 4 étant placé au rang des unités simples, comme dans l'exemple ci-contre, nous dirons quatre unités simples. 4

Le chiffre 5 étant placé au rang des unités simples, comme dans l'exemple ci-contre, nous dirons cinq unités simples. 5

Le chiffre 6 étant placé au rang des unités simples, comme dans l'exemple ci-contre, nous dirons six unités simples. 6

Le chiffre 7 étant placé au rang des unités simples, comme dans l'exemple ci-contre, nous dirons sept unités simples 7

Le chiffre 8 étant placé au rang des unités simples, comme dans l'exemple ci-contre, nous dirons huit unités simples 8

Le chiffre 9 étant placé au rang des unités simples, comme dans l'exemple ci-contre, nous dirons neuf unités simples 9

Maintenant, si au nombre neuf unités simples nous ajoutons une unité simple, nous aurons dix unités simples à représenter. Mais d'après ce que nous avons dit plus haut, qu'il fallait dix unités simples pour former une unité de dixaines, nous prendrons ces dix unités simples pour ne former qu'une unité de dixaines, que nous représenterons par le chiffre 1, placé à gauche des unités simples, dans le rang des unités de dixaines, comme on le voit dans l'exemple ci-dessous.

Rang des unités de dixaines.	Rang des unités simples.
1	0

Remarque. Le chiffre 0, placé au rang des unités simples, dans l'exemple ci-dessus, est un chiffre qui n'a aucune valeur par lui-même, mais que l'on emploie pour tenir la place des différents ordres d'unités qui manquent dans l'énoncé d'un nombre, comme par exemple dans l'exemple ci-dessus, le chiffre 0 tient la place des unités simples qui manquent dans l'énoncé du nombre dix. En effet, le chiffre 1 placé à gauche des unités simples et au rang des unités de dixaines, représente une unité de dixaines qui vaut dix unités simples.

Maintenant, nous compterons par unités de dixaines, comme nous avons compté par unités simples, c'est-à-dire que nous dirons une unité de dixaines, deux unités de dixaines, trois unités de dixaines, quatre unités de dixaines, enfin jusqu'à neuf unités de dixaines, comme on le voit dans l'exemple ci-contre, c'est-à-dire que pour représenter les unités de dixaines nous emploierons les mêmes chiffres que nous employons pour représenter les unités simples; et que, plaçant successivement les neuf chiffres 1, 2, 3, 4, 5, 6, 7, 8, 9, à gauche des unités simples et au rang des unités de dixaines, nous dirons une

Rang des unités de dixaines.	Rang des unités simples.

unité de dixaines, le chiffre 1 étant placé au rang des unités de dixaines, comme dans l'exemple ci-contre. 1 0

Le chiffre 2 étant placé au rang des unités de dixaines, comme dans l'exemple ci-contre, nous dirons deux unités de dixaines 2 0

Le chiffre 3 étant placé au rang des unités de dixaines, comme dans l'exemple ci-contre, nous dirons trois unités de dixaines. 3 0

Le chiffre 4 étant placé au rang des unités de dixaines, comme dans l'exemple ci-contre, nous dirons quatre unités de dixaines. . . . 4 0

Le chiffre 5 étant placé au rang des unités de dixaines, comme dans l'exemple ci-contre, nous dirons cinq unités de dixaines 5 0

Le chiffre 6 étant placé au rang des unités de dixaines, comme dans l'exemple ci-contre, nous dirons six unités de dixaines 6 0

Le chiffre 7 étant placé au rang des unités de dixaines, comme dans l'exemple ci-contre, nous dirons sept unités de dixaines 7 0

Le chiffre 8 étant placé au rang des unités de dixaines, comme dans l'exemple ci-contre, nous dirons huit unités de dixaines 8 0

Le chiffre 9 étant placé au rang des unités de dixaines, comme dans l'exemple ci-contre, nous dirons neuf unités de dixaines 9 0

Maintenant, si au nombre neuf unités de dixaines, nous ajoutons une unité de dixaines, nous aurons dix unités de dixaines à représenter, ou dix dixaines, et, d'après ce que nous avons dit plus haut, nous prendrons ces dix unités de dixaines pour ne former qu'une unité de centaines, que nous représenterons par le chiffre 1 placé à gauche des unités de dixaines, et au rang des unités de centaines, comme on le voit dans l'exemple ci-dessous :

Rang des unités de centaines.	Rang des unités de dixaines.	Rang des unités simples.
1	0	0

En effet, le chiffre 1, placé à gauche des unités de dixaines et au rang des unités de centaines, représente une unité de centaines, qui vaut dix unités de dixaines ou cent unités simples. Maintenant nous compterons par unité de centaines, comme nous avons compté par unités simples et par unités de dixaines : c'est-à-dire que nous dirons une unité de centaines, deux unités de centaines, trois unités de centaines, quatre unités de centaines, cinq unités de centaines, six unités de centaines, enfin jusqu'à neuf unités de centaines, comme on le voit représenté dans l'exemple ci-dessous. C'est-à-dire que pour représenter les unités de centaines, nous emploierons les mêmes chiffres que nous employons pour représenter les unités simples et les unités de dixaines, et que, plaçant successivement les neuf chiffres 1, 2, 3, 4, 5, 6, 7, 8, 9, à gauche des unités de dixaines et dans le rang des unités de centaines, nous dirons une unité de centaines, le chiffre 1 étant placé au rang des unités de centaines, comme on le voit ci-contre . . . .

Rang des unités de centaines.	Rang des unités de dixaines.	Rang des unités simples.
1	0	0

Rang des unités de centaines.	Rang des unités de dixaines	Rang des unités simples.

Le chiffre 2 étant placé au rang des unités de centaines, comme dans l'exemple ci-contre, nous dirons deux unités de centaines 2 0 0

Le chiffre 3 étant placé au rang des unités de centaines, comme dans l'exemple ci-contre, nous dirons trois unités de centaines 3 0 0

Le chiffre 4 étant placé au rang des unités de centaines, comme dans l'exemple ci-contre, nous dirons quatre unités de centaines. 4 0 0

Le chiffre 5 étant placé au rang des unités de centaines, comme dans l'exemple ci-contre, nous dirons cinq unités de centaines 5 0 0

Le chiffre 6 étant placé au rang des unités de centaines, comme dans l'exemple ci-contre, nous dirons six unités de centaines. 6 0 0

Le chiffre 7 étant placé au rang des unités de centaines, comme dans l'exemple ci-contre, nous dirons sept unités de centaines. 7 0 0

Le chiffre 8 étant placé au rang des unités de centaines, comme dans l'exemple ci-contre, nous dirons huit unités de centaines 8 0 0

Le chiffre 9 étant placé au rang des unités de centaines, comme dans l'exemple ci-contre, nous dirons neuf unités de centaines 9 0 0

Maintenant, si à neuf unités de centaines nous ajoutons une unité de centaines, nous aurons dix unités de centaines à représenter, et, d'après ce que nous avons dit plus haut, qu'il fallait dix unités de centaines pour former une unité de mille, nous prendrons ces dix unités de centaines pour ne former qu'une unité de mille, et que nous représenterons par le chiffre 1, placé à gauche des unités de centaines et au rang des unités de mille, comme on le voit dans l'exemple ci-dessous.

Rang des unités de mille.	Rang des unités de centaines.	Rang des unités de dixaines.	Rang des unités simples.
1	0	0	0

En effet, le chiffre 1, placé au rang des unités de mille, représente une unité de mille ou mille unités simples. Maintenant, nous compterons par unités de mille, comme nous avons compté par unités simples, par unités de dixaines et par unités de centaines, c'est-à-dire que nous dirons une unité de mille, deux unités de mille, trois unités de mille, quatre unités de mille, cinq unités de mille, six unités de mille, enfin jusqu'à neuf unités de mille, comme on le voit dans l'exemple ci-dessous, c'est-à-dire que, pour représenter les unités de mille, nous emploierons les mêmes chiffres que nous employons pour représenter les unités simples, les unités de dixaines et les unités de centaines, et que, plaçant successivement les neuf chiffres 1, 2, 3, 4, 5, 6, 7, 8, 9, à gauche des unités de centaines et au rang des unités de mille, nous dirons une unité de mille, le chiffre 1 étant placé au rang des unités de mille, comme on le voit dans l'exemple ci-contre . . . .

Rang des unités de mille.	Rang des unités de centaines.	Rang des unités de dixaines.	Rang des unités simples.
1	0	0	0

Le chiffre 2 étant placé au rang des unités de mille, comme dans l'exemple ci-contre, nous dirons deux unités de mille 2 0 0 0

Le chiffre 3 étant placé au rang des unités de mille, comme dans l'exemple ci-contre, nous dirons trois unités de mille 3 0 0 0

Le chiffre 4 étant placé au rang des unités de mille, comme dans l'exemple ci-contre, nous dirons quatre unités de mille. 4 0 0 0

Le chiffre 5 étant placé au rang des unités de mille, comme dans l'exemple ci-contre, nous dirons cinq unités de mille 5 0 0 0

Le chiffre 6 étant placé au rang des unités de mille, comme dans l'exemple ci-contre, nous dirons six unités de mille 6 0 0 0

Le chiffre 7 étant placé au rang des unités de mille, comme dans l'exemple ci-contre, nous dirons sept unités de mille. 7 0 0 0

Le chiffre 8 étant placé au rang des unités de mille, comme dans l'exemple ci-contre, nous dirons huit unités de mille 8 0 0 0

Le chiffre 9 étant placé au rang des unités de mille, comme dans l'exemple ci-contre, nous dirons neuf unités de mille 9 0 0 0

Maintenant, si au nombre neuf unités de mille nous ajoutons une unité de mille, nous aurons dix unités de mille à représenter, ou dix mille unités simples. Mais, d'après ce que nous avons dit plus haut, nous prendrons ces dix unités de mille pour ne former qu'une unité de dixaines de mille, que nous représenterons par le chiffre 1, placé à gauche des unités de mille et au rang des unités de dixaines de mille, comme on le voit placé dans l'exemple ci-dessous.

En effet, le chiffre 1 placé au rang des unités de dixaines de mille, représente une unité de dixaines de mille, qui vaut dix unités de mille, ou dix mille unités simples. .

Rang des unités de dixaines de mille.	Rang des unités de mille.	Rang des unités de centaines.	Rang des unités de dixaines.	Rang des unités simples.
1	0	0	0	0

Maintenant nous compterons par unités de dixaines de mille, comme nous avons compté par unités simples, par unité de dixaines, par unité de centaines, et par unité de mille. C'est-à-dire que nous dirons une unité de dixaines de mille, deux unités de dixaines de mille, trois unités de dixaines de mille, quatre unités de dixaines de mille...., enfin jusqu'à neuf unités de dixaines de mille, comme on le voit dans les exemples ci-dessous. C'est-à-dire que pour représenter les unités de dixaines de mille, nous emploierons les mêmes chiffres que nous employons pour représenter les unités simples, les unités de dixaines, les unités de centaines, et les unités de mille. En effet, plaçant successivement les neuf chiffres 1, 2, 3, 4, 5, 6, 7, 8, 9, à gauche des unités de mille et au rang

	Rang des unités de dixaines de mille.	Rang des unités de mille.	Rang des unités de centaines.	Rang des unités de dizaines.	Rang des unités simples.
des dixaines de mille, nous dirons une unité de dixaines de mille, le chiffre 1 étant placé à gauche des unités de mille et au rang des unités de dixaines de mille, comme on le voit dans l'exemple ci-contre	1	0	0	0	0
Le chiffre 2 étant placé au rang des unités de dixaines de mille, comme on le voit ci-contre, nous dirons deux unités de dixaines de mille	2	0	0	0	0
Le chiffre 3 étant placé au rang des unités de dixaines de mille, comme on le voit ci-contre, nous dirons trois unités de dixaines de mille	3	0	0	0	0
Le chiffre 4 étant placé au rang des unités de dixaines de mille, comme on le voit ci-contre, nous dirons quatre unités de dixaines de mille	4	0	0	0	0
Le chiffre 5 étant placé au rang des unités de dixaines de mille, comme on le voit ci-contre, nous dirons cinq unités de dixaines de mille	5	0	0	0	0
Le chiffre 6 étant placé au rang des unités de dixaines de mille, comme on le voit ci-contre, nous dirons six unités de dixaines de mille	6	0	0	0	0
Le chiffre 7 étant placé au rang des unités de dixaines de mille, comme on le voit ci-contre, nous dirons sept unités de dixaines de mille	7	0	0	0	0
Le chiffre 8 étant placé au rang des unités de dixaines de mille, comme on le voit ci-contre, nous dirons huit unités de dixaines de mille	8	0	0	0	0
Le chiffre 9 étant placé au rang des unités de dixaines de mille, comme on le voit ci-contre, nous dirons neuf unités de dixaines de mille	9	0	0	0	0

Maintenant, si au nombre neuf unités de dixaines de mille, nous ajoutons une unité de dixaines de mille, nous aurons dix unités de dixaines de mille à représenter. Et en suivant le principe établi ci-dessus, nous prendrons ces dix unités de dixaines de mille, pour ne former qu'une unité de centaines de mille, que nous représenterons par le chiffre 1 placé à gauche des unités de dixaines de mille. Maintenant nous compterons par unités de centaines de mille, comme nous avons compté par unités simples, par unités de dixaines, par unités de centaines, par unités de mille et par unités de dixaines de mille; c'est-à-dire que nous dirons une unité de centaines de mille, deux unités de centaines de mille, trois unités de centaines de mille......., enfin jusqu'à neuf unités de centaines de mille. et pour représenter les différentes unités de centaines de mille, nous emploierons les mêmes chiffres que nous employons pour représenter les différentes unités simples, les différentes unités de dixaines, les différentes unités de centaines, les différentes unités de mille, et les différentes unités de dixaines de mille. Enfin nous formerons les ordres d'unités plus élevés en suivant le même principe que nous avons suivi pour former l'ordre des unités de dixaines, l'ordre des unités de centaines, l'ordre des unités de mille, et l'ordre des unités de dixaines de mille, etc.

Maintenant que nous savons composer les différents ordres d'unités, que nous savons représenter les différentes unités de chaque ordre, et que nous employons le chiffre 0 pour tenir la place des différents ordres d'unités qui manquent dans l'énoncé d'un nombre, nous ne devons éprouver aucune difficulté pour représenter un nombre quelconque. En effet, quel que soit le nombre d'unités de chaque ordre d'un nombre proposé, nous pouvons les représenter par un des neuf chiffres 1, 2, 3, 4, 5, 6, 7, 8, 9, puisque dans un nombre quelconque, le plus haut nombre des unités de chaque ordre est neuf; donc avec notre système ci-dessus établi, avec les dix chiffres 1, 2, 3, 4, 5, 6, 7, 8, 9, 0, nous pouvons représenter tous les nombres.

Remarque. Nous ferons observer que les neuf chiffres 1, 2, 3, 4, 5, 6, 7, 8, 9, sont appelés chiffres significatifs, et qu'on les appelle chiffres significatifs parce qu'ils représentent des nombres; nous ferons observer encore que les neuf chiffres significatifs ont deux valeurs, l'une appelée valeur absolue et l'autre appelée valeur relative.

On appelle valeur absolue d'un chiffre, la valeur qu'un chiffre a, pris isolément, c'est-à-dire la valeur qu'un chiffre a lorsqu'il est seul : comme par exemple le chiffre 1 tout seul ne représente qu'une unité simple. Tandis que l'on appelle valeur relative d'un chiffre, la valeur qu'un chiffre a, lorsqu'il est en relation avec un autre chiffre : comme par exemple le chiffre 1 placé à la gauche d'un 0 comme dans l'exemple ci-contre, 10, représente une unité de dixaines ou dix unités simples. En général, la valeur relative d'un chiffre est la valeur qu'un chiffre a suivant le rang qu'il occupe à gauche d'un autre chiffre.

Nous rappellerons ici que le chiffre 0, qui se prononce *zéro*, n'a pas de valeur par lui-même, et qu'il ne sert qu'à tenir la place des différents ordres d'unités qui manquent dans l'énoncé d'un nombre.

Remarque. Le système de numération que nous venons d'établir ci-dessus, s'appelle système décimal, parce qu'il faut, d'après ce système, dix unités d'un certain ordre pour former une unité d'un ordre supérieur, et parce que nous employons dix chiffres pour représenter tous les nombres.

Maintenant il nous reste à nous exercer à représenter en chiffres les nombres composés d'unités de différents ordres. Soit proposé pour premier exemple de représenter en chiffres les neuf nombres qui se trouvent entre dix et vingt, c'est-à-dire les neufs nombres dix-un, dix-deux, dix-trois, dix-quatre, dix-cinq, dix-six, dix-sept, dix-huit, dix-neuf, que nous représenterons en chiffres en plaçant le chiffre 1 successivement à gauche des chiffres 1, 2, 3, 4, 5, 6, 7, 8, 9, comme on le voit dans les exemples ci-dessous.

Mais avant de représenter en chiffres ces neuf nombres qui se trouvent entre dix et vingt, nous ferons observer que l'usage a donné aux six premiers nombres, dix-un, dix-deux, dix-trois, dix-quatre, dix-cinq, dix-six, les noms onze, douze, treize, quatorze, quinze et seize.

C'est-à-dire qu'au lieu de dire dix-un, nous disons onze ;
— qu'au lieu de dire dix-deux, nous disons douze ;
— qu'au lieu de dire dix-trois, nous disons treize ;
— qu'au lieu de dire dix-quatre, nous disons quatorze ;
— qu'au lieu de dire dix-cinq, nous disons quinze ;
— qu'au lieu de dire dix-six, nous disons seize.

Revenons maintenant à notre premier exemple, et examinons comment nous représenterons en chiffres les neuf nombres compris entre dix et vingt, c'est-à-dire les neuf nombres onze, douze, treize, quatorze, quinze, seize, dix-sept, dix-huit, dix-neuf.

D'après notre système de numération, nous représenterons le nombre onze comme on le voit représenté ci-dessous.

Rang des unités de dixaines.	Rang des unités simples.
1	1

En effet, le chiffre 1 placé au rang des unités simples dans l'exemple ci-dessus, représente une unité simple, et le chiffre 1 placé au rang des unités de dixaines, représente une unité de dixaines qui vaut dix unités simples ; mais comme dix plus un valent onze, nous avons le nombre onze représenté en chiffres de la manière ci-contre 11, comme nous l'avons vu plus haut. Enfin, ces neuf nombres qui se trouvent entre dix et vingt, nous les représenterons en plaçant le chiffre 1 successivement à gauche des neuf chiffres 1, 2, 3, 4, 5, 6, 7, 8, 9, comme on le voit dans l'exemple ci-dessous.

En effet, nous représenterons le nombre onze comme on le voit représenté ci-contre. 11
Nous représenterons le nombre douze comme on le voit représenté ci-contre. . 12
Nous représenterons le nombre treize comme on le voit représenté ci-contre. . 13
Nous représenterons le nombre quatorze comme on le voit représenté ci-contre. 14
Nous représenterons le nombre quinze comme on le voit représenté ci-contre. 15
Nous représenterons le nombre seize comme on le voit représenté ci-contre. . 16
Nous représenterons le nombre dix-sept comme on le voit représenté ci-contre. 17
Nous représenterons le nombre dix-huit comme on le voit représenté ci-contre. 18
Et nous représenterons le nombre dix-neuf comme on le voit représenté ci-contre. 19

Maintenant si au nombre dix-neuf nous ajoutons une unité simple, nous aurons le nombre vingt à représenter, que nous représenterons en plaçant le chiffre 2 à gauche des unités simples et au rang des unités de dixaines, comme on le voit dans l'exemple ci–dessous.

Rang des unités de dixaines.	Rang des unités simples.
2	0

En effet, le chiffre 2 placé au rang des unités de dixaines représente deux unités de dixaines ou deux dixaines qui valent vingt unités simples ; car deux fois dix valent vingt.

Maintenant, nous représenterons les neuf nombres qui se trouvent entre vingt et trente, c'est-à-dire les neuf nombres vingt–un, vingt–deux, vingt-trois, vingt-quatre, vingt–cinq, vingt–six, vingt-sept, vingt-huit et vingt–neuf, en plaçant le chiffre 2 successivement à gauche des neuf chiffres 1, 2, 3, 4, 5, 6, 7, 8, 9, comme on le voit dans l'exemple ci-dessous.

En effet, nous représenterons le nombre vingt–un comme on le voit représenté ci–contre 21

Nous représenterons le nombre vingt-deux comme on le voit représenté ci-contre. 22

Nous représenterons le nombre vingt-trois comme on le voit représenté ci-contre. 23

Nous représenterons le nombre vingt-quatre comme on le voit représenté ci-contre. 24

Nous représenterons le nombre vingt-cinq comme on le voit représenté ci-contre. 25

Nous représenterons le nombre vingt–six comme on le voit représenté ci–contre. 26

Nous représenterons le nombre vingt-sept comme on le voit représenté ci-contre. 27

Nous représenterons le nombre vingt–huit comme on le voit représenté ci-contre. 28

Et nous représenterons le nombre vingt-neuf comme on le voit représenté ci-contre. 29

Maintenant, si au nombre vingt-neuf nous ajoutons une unité simple, nous aurons le nombre trente à représenter, que nous représenterons en plaçant le chiffre 3 à gauche du chiffre 0 et au rang des unités de dixaines, comme on le voit dans l'exemple ci-dessous.

Rang des unités de dixaines.	Rang des unités simples.
3	0

En effet, le chiffre 3 étant placé au rang des unités de dixaines représente trois unités de dixaines ou trois dixaines qui valent trente unités simples, car trois fois dix valent trente.

Maintenant, nous représenterons les neuf nombres qui se trouvent entre trente et quarante, en plaçant le chiffre 3 successivement à gauche des neuf chiffres 1, 2, 3, 4, 5, 6, 7, 8, 9, comme on le voit dans l'exemple ci–dessous.

En effet, nous représenterons le nombre trente–un comme on le voit représenté ci–contre 31

Nous représenterons le nombre trente-deux comme on le voit représenté ci–contre. 32

Nous représenterons le nombre trente-trois comme on le voit représenté ci-contre. 33

Nous représenterons le nombre trente-quatre comme on le voit représenté ci-contre. 34

Nous représenterons le nombre trente-cinq comme on le voit représenté ci-contre. 35

Nous représenterons le nombre trente-six comme on le voit représenté ci-contre. 36

Nous représenterons le nombre trente-sept comme on le voit représenté ci-contre. 37

Nous représenterons le nombre trente-huit comme on le voit représenté ci-contre. 38

Et nous représenterons le nombre trente-neuf comme on le voit représenté ci-contre. 39

Maintenant, si au nombre trente-neuf nous ajoutons une unité simple, nous aurons le nombre quarante à représenter, que nous représenterons en plaçant le chiffre 4 à gauche des unités simples et au rang des unités de dixaines, comme on le voit dans l'exemple ci-dessous.

Rang des unités de dixaines.	Rang des unités simples.
4	0

En effet, le chiffre 4 placé au rang des unités de dixaines représente quatre unités de dixaines ou quatre dixaines qui valent quarante unités simples, car quatre fois dix valent quarante.

Maintenant, nous représenterons les neuf nombres qui se trouvent entre quarante et cinquante en plaçant le chiffre 4 successivement à gauche des neuf chiffres 1, 2, 3, 4, 5, 6, 7, 8, 9, comme on le voit ci-dessous.

En effet, nous représenterons le nombre quarante-un comme on le voit représenté ci-contre 41

Nous représenterons le nombre quarante-deux comme on le voit représenté ci-contre 42

Nous représenterons le nombre quarante-trois comme on le voit représenté ci-contre 43

Nous représenterons le nombre quarante-quatre comme on le voit représenté ci-contre 44

Nous représenterons le nombre quarante-cinq comme on le voit représenté ci-contre 45

Nous représenterons le nombre quarante-six comme on le voit représenté ci-contre 46

Nous représenterons le nombre quarante-sept comme on le voit représenté ci-contre 47

Nous représenterons le nombre quarante-huit comme on le voit représenté ci-contre 48

Et nous représenterons le nombre quarante-neuf comme on le voit représenté ci-contre 49

Maintenant, si au nombre quarante-neuf nous ajoutons une unité simple, nous aurons le nombre cinquante à représenter, que nous représenterons en plaçant le chiffre 5 à gauche des unités simples et au rang des unités de dixaines, comme on le voit dans l'exemple ci-dessous.

Rang des unités de dixaines.	Rang des unités simples.
5	0

En effet, le chiffre 5 placé à gauche des unités simples et au rang des unités de dixaines, représente cinq unités de dixaines ou cinq dixaines qui valent cinquante unités simples, car cinq fois dix valent cinquante.

Maintenant, nous représenterons les neuf nombres qui se trouvent entre cinquante et soixante, en plaçant le chiffre 5 successivement à gauche des neuf chiffres 1, 2, 3, 4, 5, 6, 7, 8, 9, comme on le voit dans les exemples ci-dessous.

En effet, nous représenterons le nombre cinquante-un comme on le voit représenté ci-contre 51

Nous représenterons le nombre cinquante-deux comme on le voit représenté ci-contre 52

Nous représenterons le nombre cinquante-trois comme on le voit représenté ci-contre 53

Nous représenterons le nombre cinquante-quatre comme on le voit représenté ci-contre 54

Nous représenterons le nombre cinquante-cinq comme on le voit représenté ci-contre 55

Nous représenterons le nombre cinquante-six comme on le voit représenté ci-contre 56

Nous représenterons le nombre cinquante-sept comme on le voit représenté ci-contre 57

Nous représenterons le nombre cinquante-huit comme on le voit représenté ci-contre 58

Et nous représenterons le nombre cinquante-neuf comme on le voit représenté ci-contre 59

Maintenant, si au nombre cinquante-neuf nous ajoutons une unité simple, nous aurons soixante unités simples à représenter, ou le nombre soixante, que nous représenterons comme on le voit ci-dessous.

Rang des unités de dixaines.	Rang des unités simples.
6	0

En effet, le chiffre 6 placé au rang des unités de dixaines représente six unités de dixaines ou six dixaines qui valent soixante unités simples, car six fois dix valent soixante.

Maintenant, nous représenterons les neuf nombres qui se trouvent entre soixante et septante ou soixante-dix, en plaçant le chiffre 6 successivement à gauche des neuf chiffres 1, 2, 3, 4, 5, 6, 7, 8, 9, comme on le voit dans les exemples ci-dessous.

En effet, nous représenterons le nombre soixante-un comme on le voit représenté ci-contre 61

Nous représenterons le nombre soixante-deux comme on le voit représenté ci-contre. 62

Nous représenterons le nombre soixante-trois comme on le voit représenté ci-contre. 63

Nous représenterons le nombre soixante-quatre comme on le voit représenté ci-contre 64

Nous représenterons le nombre soixante-cinq comme on le voit représenté ci-contre 65

Nous représenterons le nombre soixante-six comme on le voit représenté ci-contre 66

Nous représenterons le nombre soixante-sept comme on le voit représenté ci-contre 67

Nous représenterons le nombre soixante-huit comme on le voit représenté ci-contre 68

Et nous représenterons le nombre soixante-neuf comme on le voit représenté ci-contre 69

Maintenant, si au nombre soixante-neuf nous ajoutons une unité simple, nous aurons septante unités simples ou soixante-dix unités simples à représenter, que nous représenterons comme on le voit ci-dessous.

Rang des unités de dixaines.	Rang des unités simples.
7	0

En effet, le chiffre 7 placé au rang des unités de dixaines représente sept unités de dixaines ou sept dixaines qui valent septante unités simples ou soixante-dix unités simples, car sept fois dix valent septante ou soixante-dix.

Remarque. Nous ferons observer que l'usage a donné aux dix nombres qui se trouvent entre soixante-neuf et quatre-vingts; les noms soixante-dix, soixante-onze, soixante-douze, soixante-treize, soixante-quatorze, soixante-quinze, soixante-seize, soixante-dix-sept, soixante-dix-huit, soixante-dix-neuf, au lieu des noms de septante, septante-un, septante-deux, septante-trois, septante-quatre, septante-cinq, septante-six, septante-sept, septante-huit, septante-neuf; c'est-à-dire :

Qu'au lieu de dire septante, nous disons soixante-dix ;
Qu'au lieu de dire septante-un, nous disons soixante-onze ;
Qu'au lieu de dire septante-deux, nous disons soixante-douze ;
Qu'au lieu de dire septante-trois, nous disons soixante-treize ;
Qu'au lieu de dire septante-quatre, nous disons soixante-quatorze ;
Qu'au lieu de dire septante-cinq, nous disons soixante-quinze ;
Qu'au lieu de dire septante-six, nous disons soixante-seize ;
Qu'au lieu de dire septante-sept, nous disons soixante-dix-sept ;
Qu'au lieu de dire septante-huit, nous disons soixante-dix-huit ;
Et qu'au lieu de dire septante-neuf, nous disons soixante-dix-neuf,

comme nous le verrons dans les exemples ci-dessous; c'est-à-dire que nous représenterons les dix nombres qui se trouvent entre soixante-neuf et quatre-vingts, en plaçant le chiffre 7 successivement à gauche des dix chiffres 0, 1, 2, 3, 4, 5, 6, 7, 8, 9, comme on le voit dans les exemples ci-dessous.

En effet, nous représenterons le nombre soixante-dix comme on le voit représenté ci-contre 70

Nous représenterons le nombre soixante-onze comme on le voit représenté ci-contre 71

Nous représenterons le nombre soixante-douze comme on le voit représenté ci-contre 72

Nous représenterons le nombre soixante-treize comme on le voit représenté ci-contre 73

Nous représenterons le nombre soixante-quatorze comme on le voit représenté ci-contre 74

Nous représenterons le nombre soixante-quinze comme on le voit représenté ci-contre 75

Nous représenterons le nombre soixante-seize comme on le voit représenté ci-contre 76

Nous représenterons le nombre soixante-dix-sept comme on le voit représenté ci-contre 77

Nous représenterons le nombre soixante-dix-huit comme on le voit représenté ci-contre 78

Et nous représenterons le nombre soixante-dix-neuf comme on le voit représenté ci-contre 79

Maintenant, si au nombre soixante-dix-neuf nous ajoutons une unité simple, nous aurons quatre-vingts unités simples à représenter, ou le nombre quatre-vingts, que nous représenterons comme on le voit représenté dans l'exemple ci-dessous.

Rang des unités de dixaines.	Rang des unités simples.
8	0

En effet, le chiffre 8 placé au rang des unités de dixaines, dans l'exemple ci-dessus, représente huit unités de dixaines qui valent quatre-vingts unités simples, car huit fois dix valent quatre-vingts.

Maintenant, nous représenterons les neuf nombres qui se trouvent entre quatre-vingts et nonante ou quatre-vingt-dix, en plaçant le chiffre 8 successivement à gauche des neuf chiffres 1, 2, 3, 4, 5, 6, 7, 8, 9, comme on le voit dans les exemples ci-dessous.

En effet, nous représenterons le nombre quatre-vingt-un comme on le voit représenté ci-contre 81

Nous représenterons le nombre quatre-vingt-deux comme on le voit représenté ci-contre 82

Nous représenterons le nombre quatre-vingt-trois comme on le voit représenté ci-contre 83

Nous représenterons le nombre quatre-vingt-quatre comme on le voit représenté ci-contre 84

Nous représenterons le nombre quatre-vingt-cinq comme on le voit représenté ci-contre 85

Nous représenterons le nombre quatre-vingt-six comme on le voit représenté ci-contre 86

Nous représenterons le nombre quatre-vingt-sept comme on le voit représenté ci-contre 87

Nous représenterons le nombre quatre-vingt-huit comme on le voit représenté ci-contre 88

Et nous représenterons le nombre quatre-vingt-neuf comme on le voit ci-contre. 89

Maintenant, si au nombre quatre-vingt-neuf nous ajoutons une unité simple, nous aurons nonante unités ou quatre-vingt-dix unités, que nous représenterons comme on les voit représentées dans l'exemple ci-dessous.

Rang des unités de dixaines.	Rang des unités simples.
9	0

En effet, le chiffre 9 placé au rang des unités de dixaines représente neuf unités de dixaines ou neuf dixaines qui valent nonante unités simples ou quatre-vingt-dix unités simples, car neuf fois dix valent nonante ou quatre-vingt-dix.

Remarque. Nous ferons observer que l'usage a donné aux dix nombres qui se trouvent entre quatre-vingt-neuf et cent les noms de quatre-vingt-dix, quatre-vingt-onze, quatre-vingt-douze, quatre-vingt-treize, quatre-vingt-quatorze, quatre-vingt-quinze, quatre-vingt-seize, quatre-vingt-dix-sept, quatre-vingt-dix-huit et quatre-vingt-dix-neuf, au lieu des noms de nonante, nonante-un, nonante-deux, nonante-trois, nonante-quatre, nonante-cinq, nonante-six, nonante-sept, nonante-huit et nonante-neuf. C'est-à-dire :

Qu'au lieu de dire nonante, nous disons quatre-vingt-dix;
Qu'au lieu de dire nonante-un, nous disons quatre-vingt-onze ;
Qu'au lieu de dire nonante-deux, nous disons quatre-vingt-douze ;
Qu'au lieu de dire nonante-trois, nous disons quatre-vingt-treize ;
Qu'au lieu de dire nonante-quatre, nous disons quatre-vingt-quatorze ;
Qu'au lieu de dire nonante-cinq, nous disons quatre-vingt-quinze;
Qu'au lieu de dire nonante-six, nous disons quatre-vingt-seize ;
Qu'au lieu de dire nonante-sept, nous disons quatre-vingt-dix-sept ;
Qu'au lieu de dire nonante-huit, nous disons quatre-vingt-dix-huit ;
Et qu'au lieu de dire nonante-neuf, nous disons quatre-vingt-dix-neuf,

comme nous le verrons dans les exemples ci-dessous ; c'est-à-dire que nous représenterons les dix nombres qui se trouvent entre quatre-vingt-neuf et cent, en plaçant le chiffre 9 successivement à gauche des dix chiffres 0, 1, 2, 3, 4, 5, 6, 7, 8, 9, comme on le voit dans les exemples ci-dessous.

En effet, nous représenterons le nombre quatre-vingt-dix comme on le voit représenté ci-contre 90

Nous représenterons le nombre quatre-vingt-onze comme on le voit représenté ci-contre. 91

Nous représenterons le nombre quatre-vingt-douze comme on le voit représenté ci-contre 92

Nous représenterons le nombre quatre-vingt-treize comme on le voit représenté ci-contre 93

Nous représenterons le nombre quatre-vingt-quatorze comme on le voit représenté ci-contre 94

Nous représenterons le nombre quatre-vingt-quinze comme on le voit représenté ci-contre 95

Nous représenterons le nombre quatre-vingt-seize comme on le voit représenté ci-contre 96

Nous représenterons le nombre quatre-vingt-dix-sept comme on le voit représenté ci-contre 97

Nous représenterons le nombre quatre-vingt-dix-huit comme on le voit représenté ci-contre 98

Et nous représenterons le nombre quatre-vingt-dix-neuf comme on le voit représenté ci-contre 99

Maintenant, si au nombre quatre-vingt-dix-neuf nous ajoutons une unité simple, nous aurons le nombre cent à représenter, que nous représenterons comme on le voit dans l'exemple ci-dessous.

Rang des unités de centaines.	Rang des unités de dixaines	Rang des unités simples.
1	0	0

En effet, le chiffre 1 placé au rang des unités de centaines, dans l'exemple ci-dessus, représente une unité de centaines, qui vaut cent unités simples ou dix unités de dixaines, car dix fois dix valent cent.

Maintenant, si au nombre cent nous ajoutons une unité simple, nous aurons le nombre cent un à représenter, que nous représenterons comme on le voit dans l'exemple ci-dessous.

Rang des unités de centaines.	Rang des unités de dixaines.	Rang des unités simples.
1	0	1

En effet, le chiffre 1 placé au rang des unités de centaines dans l'exemple ci-dessus représente une unité de centaines qui vaut cent unités simples. Et le chiffre 1 placé au rang des unités simples, dans le même exemple, ne représente qu'une unité simple, et comme cent plus un valent cent un, nous avons le nombre cent un représenté dans l'exemple ci-dessus ou comme on le voit dans l'exemple ci-contre : 101.

Maintenant, nous représenterons les neuf nombres qui se trouvent entre cent et cent dix, en plaçant successivement à droite de l'unité de centaines et au rang des unités simples, les neuf chiffres 1, 2, 3, 4, 5, 6, 7, 8, 9, comme on le voit dans les exemples ci-dessous.

En effet, nous représenterons le nombre cent un comme on le voit représenté ci-contre. 101

Nous représenterons le nombre cent deux comme on le voit ci-contre. . . 102

Nous représenterons le nombre cent trois comme on le voit ci-contre. . . 103

Nous représenterons le nombre cent quatre comme on le voit ci-contre. . . 104

Nous représenterons le nombre cent cinq comme on le voit ci-contre. . . 105
Nous représenterons le nombre cent six comme on le voit ci-contre. . . 106
Nous représenterons le nombre cent sept comme on le voit ci-contre. . . 107
Nous représenterons le nombre cent huit comme on le voit ci-contre. . . 108
Et nous représenterons le nombre cent neuf comme on le voit ci-contre. . . 109

Maintenant, si au nombre cent neuf nous ajoutons une unité, nous aurons le nombre cent dix à représenter, que nous représenterons comme on le voit représenté ci-dessous.

Rang des unités de centaines.	Rang des unités de dizaines.	Rang des unités simples.
1	1	0

En effet, le chiffre 1 placé au rang des unités de centaines, dans l'exemple ci-dessus, représente une unité de centaines qui vaut cent unités simples. Et le chiffre 1 placé au rang des unités de dixaines dans le même exemple représente une unité de dixaines qui vaut dix unités simples ; donc nous avons le nombre cent dix représenté comme on le voit représenté ci-dessus ou comme on le voit ci-contre : 110, car cent plus dix valent cent dix.

Maintenant, si au nombre cent dix nous ajoutons une unité simple, nous aurons le nombre cent onze à représenter, que nous représenterons comme on le voit ci-dessous.

Rang des unités de centaines.	Rang des unités de dixaines.	Rang des unités simples.
1	1	1

En effet, le chiffre 1 placé au rang des unités de centaines dans l'exemple ci-dessus réprésente une unité de centaines qui vaut cent unités simples ; et le chiffre 1 placé au rang des unités de dixaines dans le même exemple, représente une unité de dixaines qui vaut dix unités simples ; et le chiffre 1 placé au rang des unités simples, dans le même exemple, ne représente qu'une unité simple : donc nous avons le nombre cent onze représenté comme on le voit ci-dessus ou comme on le voit ci-contre : 111, car cent plus dix plus un, valent cent onze ; en effet, cent plus dix valent cent dix, et cent dix plus un valent cent onze.

Enfin, nous représenterons les nombres qui se trouvent entre le nombre cent et le nombre deux cents en plaçant successivement à droite de l'unité de centaines les quatre-vingt-dix-neuf nombres que nous avons appris à représenter dans les exemples ci-dessus.

En effet, nous représenterons le nombre cent douze en plaçant à droite de l'unité de centaines, le nombre douze, comme on le voit ci-contre. 112

Nous représenterons le nombre cent treize comme on le voit ci-contre. . . 113
Nous représenterons le nombre cent quatorze comme on le voit ci-contre. . 114

. . . .

Nous représenterons le nombre cent vingt comme on le voit ci-contre. . . . 120
Nous représenterons le nombre cent-vingt-un, comme on le voit ci-contre. . 121

. . . .

Nous représenterons le nombre cent vingt-cinq comme on le voit ci-contre. . 125

Nous représenterons le nombre cent vingt-six comme on le voit ci-contre. . 126

. . . .

Nous représenterons le nombre cent vingt-neuf comme on le voit ci-contre. . 129

Nous représenterons le nombre cent trente comme on le voit ci-contre. . . 130

. . . .

Nous représenterons le nombre cent trente-neuf comme on le voit ci-contre. 139

Nous représenterons le nombre cent quarante comme on le voit ci-contre. . 140

. . . .

Nous représenterons le nombre cent soixante comme on le voit ci-contre. . 160

. . . .

Nous représenterons le nombre cent soixante-dix comme on le voit ci-contre. 170

. . . .

Nous représenterons le nombre cent soixante-dix-huit comme on le voit ci-contre. 178

. . . .

Nous représenterons le nombre cent quatre-vingts comme on le voit ci-contre. 180

. . . .

Nous représenterons le nombre cent quatre-vingt-six comme on le voit ci-contre. 186

Nous représenterons le nombre cent quatre-vingt-neuf comme on le voit ci-contre. 189

Nous représenterons le nombre cent quatre-vingt-onze comme on le voit ci-contre. 191

Nous représenterons le nombre cent quatre-vingt-quatorze comme on le voit ci-contre. 194

Nous représenterons le nombre cent quatre-vingt-dix-huit comme on le voit ci-contre. 198

Et nous représenterons le nombre cent quatre-vingt-dix-neuf comme on le voit ci-contre. 199

Maintenant, si au nombre cent quatre-vingt-dix-neuf nous ajoutons une unité simple, nous aurons deux cents unités simples à représenter, ou le nombre deux cents, que nous représenterons en plaçant le chiffre 2 au rang des unités de centaines, comme on le voit ci-dessous.

Rang des unités de centaines.	Rang des unités de dizaines.	Rang des unités simples.
2	0	0

En effet, le chiffre 2 placé au rang des unités de centaines représente deux unités de centaines, qui valent deux cents unités simples.

Maintenant, nous représenterons tous les nombres compris entre deux cents et trois cents, en plaçant successivement à droite des deux unités de centaines, les quatre-vingt-dix-neuf premiers nombres que nous savons représenter; par exemple, pour représenter le nombre deux cent un, nous placerons le chiffre 1 à droite des deux unités de centaines et au rang des unités simples, comme on le voit ci-dessous.

Rang des unités de centaines.	Rang des unités de dizaines.	Rang des unités simples.
2	0	1

Enfin, en suivant ce principe, nous représenterons le nombre deux cent huit comme on le voit ci-contre. 208

. . . .

Nous représenterons le nombre deux cent dix comme on le voit ci-contre. . 210

. . . .

Nous représenterons le nombre deux cent vingt comme on le voit ci-contre. 220

. . . .

Nous représenterons le nombre deux cent soixante comme on le voit ci-contre. 260

. . . .

. . . .

Nous représenterons le nombre deux cent quatre-vingts comme on le voit ci-contre. 280

. . . .

Nous représenterons le nombre deux cent quatre-vingt-dix comme on le voit ci-contre 290

Et nous représenterons le nombre deux cent quatre-vingt-dix-neuf comme on le voit ci-contre 299

Maintenant, si au nombre deux cent quatre-vingt-dix-neuf nous ajoutons une unité simple, nous aurons trois cents unités simples à représenter, ou le nombre trois cents, que nous représenterons comme on le voit ci-contre 300

En effet, le chiffre 3 placé au rang des unités de centaines représente trois unités de centaines qui valent trois cents unités simples.

Enfin, nous continuerons à représenter les différentes unités de centaines comme on le voit ci-dessous.

En effet, nous représenterons le nombre quatre cents comme on le voit représenté ci-contre. 400

Nous représenterons le nombre cinq cents comme on le voit ci-contre . . . 500

Nous représenterons le nombre six cents comme on le voit ci-contre 600

Nous représenterons le nombre sept cents comme on le voit ci-contre 700

Nous représenterons le nombre huit cents comme on le voit ci-contre 800

Et nous représenterons le nombre neuf cents comme on le voit ci-contre . . 900

Règle générale. Pour représenter les nombres compris entre les nombres cent et deux cents, entre les nombres deux cents et trois cents, entre trois cents et quatre cents, entre quatre cents et cinq cents, entre cinq cents et six cents, entre six cents et sept cents, entre sept cents et huit cents, entre huit cents et neuf cents, entre neuf cents et mille, nous placerons successivement entre chaque centaine les quatre-vingt-dix-neuf nombres 1, 2, 3... 10... 20... 30... 40... 50... 60... 70... 80... 90... 95... et 99.

Donc, en suivant les principes ci-dessus établis, nous pouvons représenter tous les nombres composés de trois chiffres.

En effet, le plus haut nombre composé de trois chiffres est le nombre neuf cent quatre-vingt-dix-neuf, que nous représenterons en plaçant le chiffre 9 au rang des unités de centaines, et en plaçant le nombre 99 à droite des neuf unités de centaines, comme on le voit ci-dessous.

Rang des unités de centaines.	Nombre quatre-vingt-dix-neuf.	
9	9	9

Maintenant que nous savons représenter tous les nombres composés de trois chiffres, nous pouvons représenter tous les nombres composés d'un nombre indéfini de chiffres; mais avant de représenter ces nombres, nous ferons observer que, d'après notre système de numération, tout nombre écrit en chiffres se divise en centaines, dixaines et unités simples; en centaines, dixaines et unités de mille; en centaines, dixaines et unités de millions; en centaines, dixaines et unités de billions, etc.; c'est-à-dire que tout nombre écrit en chiffres se divise, à partir de droite vers la gauche, en tranches d'unités simples, en tranches d'unités de mille, en tranches d'unités de millions, en tranches d'unités de billions, etc., et que chaque tranche se compose de trois chiffres comme on le voit ci-contre . . . .

Seulement il faut observer que la dernière tranche à gauche, qui est celle des unités les plus fortes, peut n'avoir que deux chiffres comme on le voit ci-contre. ou qu'un seul comme on le voit ci-contre . . . .

Tranche des unités de billions.	Tranche des unités de millions.	Tranche des unités de mille.	Tranche des unités simples.
435	346	531	768
35	346	531	768
5	346	531	768

Enfin, nous ferons observer que chaque tranche composée de trois chiffres se compose d'unités de centaines, d'unités de dixaines et d'unités simples du nom de la tranche.

Ensuite nous ferons observer que chaque tranche s'énonce comme si elle était seule, ayant soin seulement d'énoncer à la fin de chacune le nom de la tranche. Donc, lorsque nous sommes familiarisés avec la manière d'énoncer et d'écrire un nombre de trois chiffres, nous ne devons avoir aucune difficulté pour énoncer et écrire un nombre composé de plus de trois chiffres.

En effet, soit proposé, pour premier exemple, d'énoncer le nombre ci-contre : 246352. Pour énoncer ce nombre, nous commencerons par le diviser, soit par la pensée, soit par une virgule, en tranches de trois chiffres, à partir de droite vers la gauche, comme on le voit ci-contre : 246,352 ; ensuite, pour nous exercer à lire les nombres, nous écrirons au-dessus de chaque tranche le nom de la tranche comme on le voit ci-dessous.

Mille.	Unités.
246	352

Puis nous énoncerons ce nombre en commençant par la gauche, c'est-à-dire par la tranche des mille. En effet, commençant par la tranche des mille, nous lirons deux cent quarante-six mille trois cent cinquante-deux unités.

Soit proposé pour nouvel exemple, d'énoncer le nombre ci-contre : 513246352. Pour énoncer ce nombre nous le diviserons en tranches de trois chiffres, comme on le voit ci-contre : 513,246,352, et nous écrirons au-dessus de chaque tranche le nom de la tranche comme on le voit ci-dessous.

Millions.	Mille.	Unités.
513	246	352

Ensuite, commençant par la tranche des millions, nous lirons cinq cent treize millions deux cent quarante-six mille trois cent cinquante-deux unités. Soit encore proposé d'énoncer le nombre 13206052 : après avoir effectué les divisions en tranches de trois chiffres à partir de droite à gauche, nous remarquerons que la dernière tranche, c'est-à-dire celle des millions, ne renferme que deux chiffres comme on le voit ci-dessous.

Millions.	Mille.	Unités.
13	206	052

Mais d'après ce que nous avons dit, que chaque tranche s'énonçait comme si elle était seule, nous ne devons avoir aucune difficulté pour énoncer ce nombre. En effet, commençant par la tranche des millions, nous dirons treize millions deux cent six mille cinquante-deux unités.

Soit proposé pour nouvel exemple d'énoncer le nombre ci-contre : 3452670. Après avoir divisé ce nombre en tranches de trois chiffres, nous remarquerons que la dernière tranche à gauche ne renferme qu'un seul chiffre, comme on le voit ci-dessous.

Millions.	Mille.	Unités.
3	452	670

Mais en suivant les principes établis nous énoncerons le chiffre 3, qui se trouve dans la tranche des millions, comme s'il était seul, en lui donnant le nom de la tranche ; ensuite nous continuerons d'énoncer chaque tranche à droite par ordre de grandeur : en effet, nous énoncerons ce nombre en disant trois millions quatre cent cinquante-deux mille six cent soixante-dix unités.

Soit proposé maintenant, pour dernier exemple, d'énoncer le nombre ci-dessous.

Billions.	Millions.	Mille.	Unités.
350	432	579	063

En suivant les principes établis ci-dessus, et en commençant par la gauche, nous énoncerons ce nombre en disant trois cent cinquante billions quatre cent trente-deux millions cinq cent soixante-dix-neuf mille soixante-trois unités simples.

Maintenant que nous savons énoncer les nombres composés d'une infinité de chiffres, nous ne devons avoir aucune difficulté pour écrire en chiffres un nombre dicté en langage ordinaire ou écrit en toutes lettres : en effet, soit proposé pour premier exemple d'écrire en chiffres le nombre quatre cent trente millions cinq cent soixante-neuf mille sept cent quatre-vingts unités, dicté en langage ordinaire.

Pour écrire ce nombre, qui est dicté en langage ordinaire, nous commencerons par écrire la tranche des unités les plus élevées, ensuite nous continuerons d'écrire à sa droite les autres tranches par ordre de grandeur d'unités, en observant de ne pas omettre les zéros destinés à tenir la place des différents ordres d'unités qui manquent dans l'énoncé du nombre : mais il est facile de ne jamais commettre d'erreur à ce sujet, en se rappelant que chaque tranche, excepté la première à gauche, doit toujours se composer de trois chiffres : en effet, pour écrire en chiffres le nombre ci-dessus proposé, nous commencerons par écrire la tranche des millions comme on le voit ci-dessous.

Millions.
430

Ensuite, nous écrirons à droite de cette tranche celle des mille, comme on le voit ci-contre . . . .

Millions.	Mille.
430	569

Ensuite, nous écrirons à la droite de la tranche des mille la tranche des unités, comme on le voit ci-contre. . . . . .

Millions.	Mille.	Unités.
430	569	780

Règle générale. Toutes les fois qu'on nous dictera un nombre en langage ordinaire, nous commencerons par écrire la tranche des unités les plus fortes, ensuite les autres tranches à droite par ordre de grandeur, comme nous venons de le voir dans l'exemple ci-dessus.

Remarque. Toutes les fois que nous aurons à écrire en chiffres un nombre déjà écrit en toutes lettres, nous pourrons commencer sans inconvénient par la droite ou par la gauche du nombre.

N. B. *La 2e. Livraison traitera de la numération des fractions décimales.*

www.ingramcontent.com/pod-product-compliance
Lightning Source LLC
LaVergne TN
LVHW052021160826
845678LV00003B/1150

* 9 7 8 2 3 2 9 6 4 5 7 8 0 *